AF468920

TRAVAILLEURS. — AGRICULTURE.

ALGÉRIE. — DETTE PUBLIQUE.

PAR

M. GUÉAU DE REVERSEAUX.

Paris,

CHEZ DENTU, LIBRAIRE,

AU PALAIS NATIONAL, GALERIE VITRÉE.

1848

TRAVAILLEURS. — AGRICULTURE.

ALGÉRIE. — DETTE PUBLIQUE.

A la suite d'un cataclysme qui change subitement les principes fondamentaux d'une nation de 35 millions d'habitants, il faut un remède héroïque, pour diriger ses pas et la soustraire à la désorganisation sociale.

Si ce remède révèle de nouvelles voies à son ambition comme à son activité, s'il occupe ses bras, s'il lui ouvre, dans l'avenir, des espérances jusqu'alors inconnues, cette nation, semblable à un fleuve qui reprend son cours après avoir subi un effroyable débordement, acquerra une nouvelle vigueur, elle triplera ses forces : elle aura conquis de longs gages de prospérité.

Lorsqu'en 1806 la monarchie prussienne eut essuyé, en trois semaines, la plus subite invasion que présentent les temps modernes; lorsque ses richesses, ses produits agricoles, ses bestiaux, ses chevaux, son matériel, furent devenus la proie d'une innombrable armée d'occupation, qui resta ensuite sur son territoire, et continua à consommer ses ressources pendant de longues années; lorsqu'enfin, par suite du traité de Tilsitt, elle dut, pour conserver une apparence de nationalité, livrer à son formidable vainqueur une rançon équivalente à la plus importante partie du numéraire qui lui restait en circulation : que fit son gouvernement, pour obéir à des nécessités aussi impérieuses et pour survivre à une calamité aussi inouïe?

Il réduisit son armée au cinquième de son ancien effectif.

Il modifia considérablement ses frais d'administration ainsi que les émoluments de ses employés.

Il introduisit la plus grande économie dans toutes les parties de ses services publics.

Il fit plus et bien plus encore :

Persuadé que l'argent n'est autre chose que l'équivalent et la représentation de tous les besoins et de toutes les forces de la vie, il créa, et mit en circulation forcée, pour cent millions de rixthalers de billets du trésor (*Tresor Scheen*), somme qui égalait environ le tiers de l'argent monnayé qui se trouvait encore dans l'étendue du royaume. (Le rixthaler représente 3 francs 75 centimes).

Pour revêtir ce papier-monnaie de la confiance absolue qu'il importait de lui attribuer, pour le mettre à l'abri de toute dépréciation, pour en former une vaste ressource de commerce et d'échange au milieu de la société prussienne, pour assurer sa circulation concurremment avec la monnaie métallique encore existante dans ce pays dénué de richesses et frappé des fléaux de la conquête; en dernière analyse, pour que ce papier se maintînt toujours au pair et fût constamment recherché, le gouvernement prussien en rendit l'emploi, pour un quart, impérieusement obligatoire dans le paiement des deux principaux impôts auxquels le pays était assujetti, particulièrement celui des douanes et accises qui forment une importante partie du revenu public : le paiement des trois autres quarts continuant, au contraire, à être exigé en espèces métalliques : par ce moyen, les *Tresor Scheen* furent bientôt recherchés et enviés dans toute l'étendue de la monarchie prussienne, qui forme un long et étroit ruban sur la carte européenne. Il résulta que de Mémel, Könisberg, Pillau, Elbing, Dantzig, qui sont assis au milieu de la Baltique, on fut souvent obligé d'en requérir de Stetin, Francfort-sur-l'Oder, Berlin, Breslaw, Magdebourg, au prix de 1 et 2 pour cent de bonification, à l'effet d'éviter les contraintes du fisc.

L'adoption de cette mesure financière eut, pour la Prusse, d'immenses résultats de prospérité qui atténuèrent, en peu d'années, la somme des calamités qu'avait produites l'envahissement de ce pays : elle accrut singulièrement son commerce, son activité, ses forces vitales, son agriculture, ses fabriques, ainsi que les moyens d'alimentation en faveur de ses travailleurs : depuis lors, cette ressource a toujours été conservée au pays; si on l'en privait, il entrerait dans une paralysie universelle, et en ce moment encore les principaux changeurs de l'Europe ont des *Tresor Scheen* à offrir aux voyageurs, qui les préfèrent aux rixthalers, monnaie dont le poids et le volume leur produiraient beaucoup d'incommodités.

Les racines de l'état de choses que le mois de février 1848 vient de faire éclore en France remontent au quart du XVIe siècle. La question du libre examen, appliquée si fatalement en matières religieuses, ne pouvait manquer de l'être avec succès aux formes gouvernementales; car c'est des formes gouvernementales que découle le plus ou le moins de bonheur matériel en faveur de l'humanité.

Cet immense problème social, suspendu pendant un siècle et demi par l'horrible catastrophe de la Saint-Barthélemy, par l'épée et les éminentes qualités d'un excellent roi, par le caractère de fer d'un ministre sanguinaire, par l'orgueil et l'inflexible volonté d'un grand monarque, a acquis une nouvelle évidence au flambeau du XVIIIe siècle, et, fortifié par l'accroissement de séve que le renouvellement des générations transmet toujours aux idées saines, il a éclaté parmi nous en 1789.

Sa première application fut horrible et infructueuse : elle amena les quatre intermèdes de l'empire et des trois règnes qui l'ont suivi.

Maintenant un nouvel enfantement s'effectue parmi nous : quel en sera le résultat? La Providence seule sait l'apprécier.

Néanmoins, il n'est pas un esprit raisonnable qui puisse envisager sans une frémissante émotion le double jeu dans lequel le pays le plus éclairé des deux hémisphères vient d'entrer; car il s'agit de livrer l'espèce humaine au plus immense perfectionnement, ou de l'étreindre dans le plus déplorable mouvement rétrograde.

Si la République puînée que nous élevons en ce moment est taillée sur le patron de son aînée, si elle s'annonce pour être révolutionnaire, soupçonneuse, préventive; si elle vient à mettre en suspicion la partie la plus éclairée de la nation pour s'appuyer sur l'ignorance, l'impéritie, la force brutale, elle deviendra, comme fut sa devancière, spoliatrice, sanguinaire, tyrannique; elle détruira le crédit, la confiance et en même temps le commerce, les arts, les fabriques, qui ne peuvent exister qu'à l'aide de leur appui; elle paralysera les bras de six millions de citoyens; elle offrira au monde un pitoyable spectacle; elle trompera son attente; elle nous fera perdre les droits que nous avons si chèrement acquis depuis soixante ans; en dernière analyse, après nous avoir imposé le despotisme d'un grand nombre, le pire de tous les gouvernements, parce que nul ne peut s'y soustraire, elle nous livrera au despotisme d'un seul, mauvais gouvernement, mais bien plus supportable, parce qu'il commande le silence ainsi que le repos, et qu'il est possible de s'en tenir écarté.

Mais si la République, fidèle à sa triple devise, n'établit

aucune nuance entre les citoyens; si la liberté des uns ne se fonde pas aux dépens de l'oppression des autres; si elle respecte l'autorité de la religion, celle de la famille, la franchise des consciences, la sainteté des engagements; si, renonçant à être payenne ou athée, telle que fut sa sœur aînée, elle proclame une société chrétienne et reconnaît qu'il n'existe point de religion sans liberté, point de saine liberté sans religion; si, dirigeant la jeunesse éclairée vers l'agriculture, l'industrie, le commerce maritime, la navigation, l'Algérie, elle vient, par la réduction des places et celle des traitements, à éteindre parmi elle la soif inextinguible de vivre aux dépens de la société, plaie fatale que le gouvernement impérial a léguée à ses successeurs; si elle dénie le caractère menaçant que d'imprudents amis veulent lui conférer, pour adopter le caractère vénérable du patriotisme désintéressé et de la charité envers les hommes: oh! je le proclame à la face de toutes les nations, le principe de la République française fera le tour du monde; il ouvrira une nouvelle ère au genre humain, et il aura incontestablement une longue durée, parce qu'il favorisera à la fois tous les intérêts et toutes les vanités.

Mais, en outre de la question gouvernementale qui préoccupe en ce moment toutes les nations européennes, il existe depuis long-temps chez elles, et particulièrement en France, deux grandes causes de perturbation, sur lesquelles ses économistes n'ont point encore fixé leurs méditations: je veux parler de l'énorme accroissement des populations et de la diminution du numéraire par l'effet de sa répartition dans un beaucoup plus grand nombre de mains.

Il y a 75 ans, lorsque l'auteur de cet opuscule naquit, il n'y avait que 19 à 20 millions d'habitants en France: les trois royaumes britanniques en renfermaient 11 millions. Maintenant la France en contient 35 millions, et les royaumes unis 24 millions.

Or, l'argent monnayé n'ayant point augmenté, ou n'ayant

que très peu augmenté depuis cette époque, il s'ensuit que cette représentation indispensable de toutes les nécessités comme de tous les agréments de la vie, répartie chez un nombre presque double d'individus, a diminué démesurément et diminuera plus encore progressivement, par l'effet de l'accroissement successif de la population.

De là sont survenus un grand malaise pour la société et une soif ardente d'innovations, qui ont enfanté les plus absurdes théories, telles que celles du radicalisme, du communisme, de la dispersion égale des richesses.

Sur ces déplorables égarements, qu'il me soit permis de m'arrêter un moment.

Il est deux genres de richesses très distincts : le premier et le plus réel, au moyen du travail que Dieu a imposé à l'homme, provient du sein de la terre; le second, dont l'appréciation est équivalente à la valeur du premier, est le produit de la civilisation et de l'invention des hommes : ce sont l'argent monnayé, le commerce ou les échanges entre les nations, l'industrie, la fabrication, les arts, les métiers; en un mot, toutes les créations inventées par le génie des hommes, pour assurer leur existence, leur conservation, et augmenter leur bien-être.

Snpprimez, des cinquante-quatre millions d'hectares qui forment la superficie de la France, les 7 millions d'hectares qui se trouvent en rivières, canaux, grandes routes, chemins vicinaux, rochers, dunes absolument infertiles, il vous restera 47 millions d'hectares.

Divisez également ces 47 millions d'hectares et environ 4 milliards de numéraire existant en France entre les 35 millions d'habitans qu'elle renferme, vous aurez à offrir à chacun 1 hectare 33 centiares de terre; plus, environ 116 fr. de capital, argent monnayé.

Mais vous aurez supprimé la moitié du travail et la moitié des richesses nationales, en entraînant l'anéantissement du commerce, des arts, des industries, des fabriques, des métiers, dont le genre humain serait obligé d'abandonner la création, attendu que nul n'en pourrait solder l'emploi.

Les vœux doivent donc se borner, en acceptant la société telle qu'elle est faite aujourd'hui, à y apporter toutes les améliorations possibles.

La République fondée par tous, et pour le bonheur de tous, peut cicatriser les deux grandes plaies sociales que je viens de signaler, et réparer le désordre dans lequel se trouvent les finances de la France. Elle constitue le plus impérieux et le plus fort des gouvernements, parce que ses doctrines sont fondées sur les sublimes doctrines de l'Evangile et parce qu'elle est armée du concours de toutes les volontés. Ce qu'aucune monarchie n'eût osé entreprendre, elle seule a le pouvoir de l'exécuter; mais il faut qu'elle abandonne les voies surannées, consacrées trop long-temps par la routine, pour s'élancer dans un nouveau cercle financier et administratif. L'emprunt, le crédit, l'amortissement ont fait leur temps; l'expérience a démontré qu'en définitive ces systèmes sont onéreux et infructueux.

Qu'à l'instar de ce que fit la Prusse, dans une circonstance extrême, ainsi que je l'ai démontré plus haut, la République emprunte, à elle-même, quinze cents millions, qu'elle transformera en billets du trésor de cinq à cent francs, auxquels elle donnera un cours obligatoire forcé, pour être admis et reçus pour un quart, mais pour un quart seulement, concurremment avec la monnaie métallique pour les trois autres quarts, dans tous les paiements de 20 francs et au dessus, de toutes les natures de contributions, gages, salaires, traitements, achats, marchés, transactions, soit de la part du gouvernement, soit de celle des citoyens.

Qu'à la faveur de cet immense capital, M. le ministre des finances soit tenu, en employant toujours la proportion d'un quart de billets du trésor et des trois autres quarts d'espèces métalliques,

1° De rétablir dans son intégrité la caisse d'épargnes et de favoriser l'action de sa continuation progressive ;

2° De payer, au fur et à mesure de leurs échéances, tous les bons du trésor jusqu'à ce jour en émission ;

3° De racheter également des mains des compagnies adjudicataires tous les chemins de fer, qui, dans l'intérêt du commerce et la commodité des voyageurs, n'eussent jamais dû sortir de celles du gouvernement, et d'en faire activer l'exécution dans les proportions les mieux raisonnées et les plus calculées ;

4° D'appliquer et de répartir entre tous les départements, selon leurs besoins, un capital de 200 millions en faveur de l'agriculture, lesquels seront placés à raison de 3 p. 100 au profit de l'Etat et de 1|4 p. 100 pour salaire d'un agent départemental surveillant, entre les mains de tout propriétaire ou exploitant, inspirant par son intelligence, par sa moralité, ou sa position, une suffisante confiance et solvabilité, à l'effet de favoriser les défrichements, irrigations, conversions de terres arables en prairies, plantations en bois, fossés d'assainissement, marnage, achats de bestiaux, emploi de chaux, engrais étrangers, et généralement de tous moyens propres à accroître les rapports et la fécondité du sol.

A cet égard, M. le ministre serait sûr d'obtenir un plein succès, s'il réunissait une commission de cultivateurs pratiques intelligents, qu'il chargerait de la rédaction du programme qui indiquerait l'exécution la plus éclairée de cette importante mesure.

5° Ensuite, et c'est ici un point du plus grave intérêt national, la République devra employer un capital de cinq cents millions à la colonisation de l'Algérie, à l'effet d'y offrir de sûres garanties d'existence et de fortune à la partie indigente de la population française, à laquelle il serait distribué des terres et fourni les moyens de culture et d'établissement. Qu'une commission bien choisie, parmi les hommes qui ont administré ou habité ce pays, et dont les quatre députés envoyés par lui à l'Assemblée nationale feront nécessairement partie, soit invitée à étudier les conditions de colonisation si souvent employées autrefois par les Romains, et de nos jours par les Etats-Unis ; qu'elle y joigne le produit des méditations comme des investigations de tous ses membres : le problème qui dès le moment de la conquête eût dû occuper tous les esprits sera bientôt résolu à la gloire de la République, comme à l'avantage de quatre millions de citoyens français.

Tous les ans, au 1er juillet, à commencer par celui de l'année 1850, les excédants de recette qui pendant le cours de l'exercice précédent auront surpassé le montant des dépenses, la généralité des impôts provenus de l'Algérie pendant le cours du même exercice, le produit net des chemins de fer et les intérêts des fonds avancés à l'agriculture, formeront un capital dont M. le ministre des finances sera tenu de faire acheter des inscriptions de rente sur le grand livre de la dette publique de l'Etat ; ces inscriptions ainsi réunies seront anéanties et brûlées en présence de quatre commissaires délégués à cet effet par l'Assemblée nationale. Quand, par suite de ces extinctions successives, les dettes de l'Etat se trouveront remboursées, on pourra entrer dans les mêmes voies pour travailler à l'anéantissement des billets du trésor; mais je doute qu'alors aucun économiste éclairé puisse conseiller cette dernière mesure, car ce serait apporter une grande réduction dans la monnaie du pays et diminuer dans la même proportion son action créatrice et industrielle.

Tous les intérêts et tous les malaises de l'époque trouveront une ample satisfaction dans l'adoption de cette mesure financière, à la fois si simple et si économique.

L'agriculture, cette première mamelle nourricière de l'Etat, dont le manque de fonds a constamment arrêté l'essor, prendra un développement inouï et doublera en peu d'années le produit du sol.

Les populations des campagnes, souvent inactives, verront augmenter le travail réservé à leurs bras.

Tous les genres de consommation, excités par l'augmentation et par la rapide circulation du numéraire, viendront alimenter et accroître nos industries et nos fabriques.

Les intelligents travailleurs de nos villes, habitués à aller puiser au loin les sources de leurs existences, désormais initiés, dans la féconde Algérie, aux charmes de la propriété, y recueilleront, à l'exemple des anciens colons de nos Antilles, des richesses que la mère-patrie n'aurait jamais pu leur offrir.

La dette de la France, ce chancre national qui prit naissance lors de la fin de l'administration de l'illustre Colbert, tour à tour augmentée par les prodigalités de l'ancienne monarchie, par les malheurs de deux invasions et par l'impéritie du dernier règne, viendra à s'éteindre naturellement, sans efforts comme sans sacrifices de la part du contribuable.

La terre d'Afrique, que la nature a placée à 36 heures de distance de notre patrie, riche d'un sol favorable à la végétation de toutes les productions des deux mondes, deviendra le satellite de la République et l'affranchira à jamais des perturbations que l'accroissement successif de sa population pourrait y renouveler dans l'avenir.

Si les billets du trésor, ainsi appliqués, viennent à être bien compris, ils ne devront inspirer aucune des craintes qui ont été justifiées par la chute de ceux de Law et par celle des assignats. Chacun sait combien furent immodérées ces deux créations, puisque la première surpassa de beaucoup le double de la somme du numéraire alors en circulation dans le pays, et que celle des assignats a excédé 32 milliards. Les arts sont poussés trop loin maintenant pour ne pas nous préserver des nombreuses contrefaçons qui nous survinrent alors de l'étranger. Les billets du trésor que je propose n'excéderont guère le tiers du numéraire en circulation en France; ils n'auront aucun cours, aucun emploi à l'étranger; leur seul but sera d'augmenter d'un quart la masse du numéraire et par conséquent celle des forces vitales de notre nation; ils n'iront point exciter la spéculation des changeurs, puisque dans le solde des choses nécessaires à la vie comme au commerce ils entréront pour un quart, concurremment avec la monnaie métallique pour les trois autres quarts, et qu'il n'y aurait aucun intérêt à accorder à leur emploi des proportions plus élevées. En un mot, ces billets n'éprouveront aucune variation du cours réel, intrinsèque, obligatoire et proportionnel qui leur sera assigné dans les paiements; ils n'encourront point la dépréciation des roubles et des florins de papier de Russie et d'Autriche : car, sous les gouvernements arbitraires, les bornes arrêtées en principe, lors de la création de tout papier-monnaie, ne manquent jamais d'être dépassées plus tard, tandis que dans notre République juste, sage et vraie, dont tous les citoyens doivent devenir garants et solidaires, de tels abus ne pourront se produire; enfin, comme les billets de Law et les assignats, ils n'amèneront pas les désastreux inconvénients d'avoir excité la spéculation et d'avoir fait enfouir le numéraire. Je ne saurais d'ailleurs trop insister sur ce point de vue, qu'une différence énorme ressort de la création que je propose aujourd'hui des billets du trésor, avec celles qui eurent lieu tour à tour des billets de Law et des assignats : c'est que ces derniers, produits tous deux pour rivaliser de pair avec l'argent monnayé en circulation, en ont naturellement amené la substitution, et entraîné l'accaparement comme la disparition des espèces métalliques; tandis que les billets du trésor que je propose, ne pouvant être employés en paiement de toute somme au dessous de 20 fr. et ne devant entrer que pour un quart dans celui de toute créance au dessus de ce minimum de 20 fr., ne pourront donner ouverture à aucune substitution, à aucune spéculation, à aucun agiotage : donc ils ne pourront être distraits du but unique auquel ils auront été consacrés, celui d'augmenter d'un quart la masse du numéraire en circulation; de plus, ils n'apporteront aucun changement aux habitudes du commerce de détail, le plus usuel de tous, parce qu'ils ne trouveront d'emploi que dans les sommes excédant une créance de 20 fr.

Dans l'état de fraternité et d'harmonie où se trouvent tous les peuples envers nous, et dans la fusion sociale où sont entraînés leurs gouvernements, aucune guerre ne peut venir distraire et ensanglanter la fondation de la République. Donnons donc un immortel exemple au monde en l'édifiant sur les bases solides de l'économie; réduisons notre armée à 200 mille hommes, dont le quart sera employé à la protection de la France nouvelle que nous devons établir en Afrique. Appelons sur cette terre vierge et féconde le dixième de notre population; montrons à la savante et ambitieuse jeunesse de nos écoles les riches métaux que recèlent les flancs de ses montagnes; les soies, le coton, l'olive, le blé, le sésame, le riz, la garance, les fruits, les bestiaux qu'elle extraira en immense quantité de ses plaines et de ses vallées. Entretenons une puissante marine pour assurer sur l'empire des mers nos débouchés industriels et nos relations commerciales; car la France, érigée en garde nationale armée, sera un vaste champ de Mars, dans lequel il ne faudrait que faire retentir le son d'un clairon, pour en faire sortir cent légions qui iraient, au besoin, grossir les rangs de l'armée active de la République, dépositaire fidèle de nos glorieuses traditions militaires. Il n'en est pas ainsi de la puissance maritime, dont les éléments, créés d'avance, ne peuvent offrir de succès et d'illustrations qu'à la faveur d'une perpétuelle expérience et d'une constante navigation. Ménageons le pauvre dans la répartition de l'impôt, et supprimons celui du sel, qui pèse plus particulièrement sur lui. Cherchons dans chaque département 500 hectares incultes, et érigons-y un village de refuge pour la mendicité et pour les invalides du travail. Qu'une dispersion mieux entendue de notre population ne la fasse pas affluer en trop grand nombre sur un même point, où les sources de son existence et de son travail viendraient à s'appauvrir par une excessive division. Réduisons les traitements exagérés, réformons les sinécures, simplifions les rouages de la société, anéantissons les emplois inutiles; persuadons à nos jeunes hommes nés sans fortune qu'en parcourant la carrière des fonctions publiques salariées ils n'atteindront, aux dépens de leurs concitoyens, que de médiocres existences, en engageant leur libre arbitre et leur liberté : tandis qu'en devenant agriculteurs, industriels, navigateurs, commerçants, colons, planteurs, ils entreront dans une voie de fortune illimitée, indépendante et plus honorable.

Au milieu de la prospérité et de l'énergie inouïes que ce nouvel ordre de choses exciterait au milieu de tous les citoyens français, il ne conviendrait donc pas d'apporter une trop grande réduction à l'impôt; car si, d'une part, l'impôt est toujours léger dans les temps où les populations sont actives, l'impérieuse raison d'état, pour le rétablissement du crédit, commande le remboursement de la dette nationale. A l'effet de soulager le pauvre, ainsi que je l'ai dit plus haut, il serait raisonnable d'établir une légère et équivalente augmentation progressive sur les autres classes de la société. Quant à l'impôt indirect, le Gouvernement provisoire a eu déjà la sagesse de modifier ce qu'il avait de gênant et d'indiscret pour les citoyens, mais il faut y réfléchir profondément avant d'y introduire des réductions. En 1830 on a cru travailler à l'avantage du peuple en réduisant à 10 p. 0|0 le droit de débit, précédemment fixé à 15 p. 0|0. La mesure n'a tourné qu'au profit des hôteliers et des débitants, ils n'ont pas diminué d'un centime le prix de leurs liquides; et le droit viendrait à être anéanti, que, certes, ils n'y apporteraient aucune modification.

Je prévois que la mise au jour de mon projet excitera contre lui une foule de critiques et de désapprobations; les hommes superficiels et irréfléchis, toujours les plus nombreux, croiront, bien faussement, voir renaître le régime des assignats, et, par suite, l'écoulement de toutes les fortunes. Ils ne considéreront ni le but de création ni l'emploi de mes billets du trésor, ni l'étendue des services gratuits qu'ils rendront tant à l'état qu'à chacun de ses membres. C'est aux esprits graves et méditatifs que je m'adresse : après leur avoir indiqué les deux véritables plaies sociales de l'époque dans laquelle nous vivons, je leur enseigne ce moyen de pourvoir à l'excessive augmentation de notre population comme à l'exigüité de notre numéraire, d'accroître les produits agricoles de la France ; celui d'apporter au milieu de nous une prospérité que n'offre aucune époque dans les annales humaines ; celui de résoudre, à l'avantage de nos travailleurs, un problème qui serait insoluble sous toute autre face où il serait envisagé ; enfin celui d'affranchir l'Etat de toute dette : qu'ils méditent et qu'ils proposent une voie plus certaine et plus facile d'assurer parmi nous la stabilité de l'ordre social, et d'inaugurer sur des bases plus satisfaisantes et plus solides la fondation de la République !

Imprimerie de Guiraudet et Jouaust, 315, rue Saint-Honoré.

www.ingramcontent.com/pod-product-compliance
Ingram Content Group UK Ltd.
Pitfield, Milton Keynes, MK11 3LW, UK
UKHW020233200726
13856UKWH00004B/1738